"十三五"国家重点出版物出版规划项目
前沿科技启蒙绘本

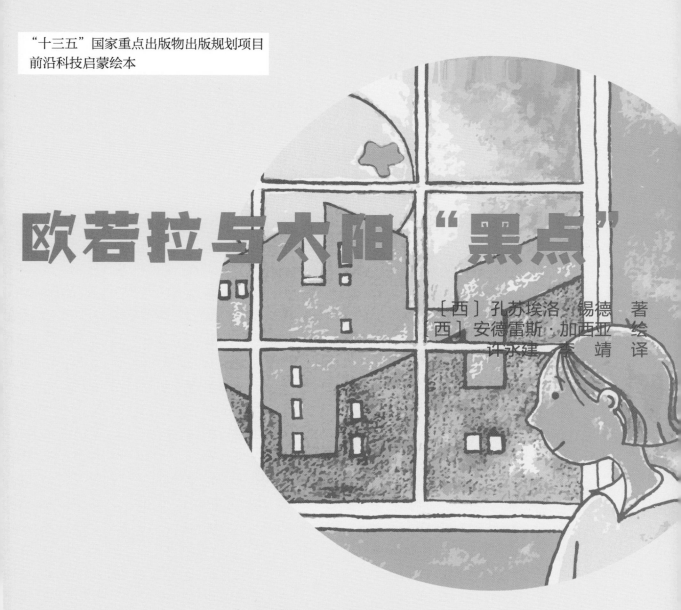

欧若拉与太阳"黑点"

〔西〕孔苏埃洛·锡德 著
〔西〕安德雷斯·加西亚 绘
许永建 秦靖 译

中国科学技术大学出版社

早晨七点半，妈妈来到欧若拉的卧室，吻了吻女儿。每天早晨，她都以这种方式叫醒欧若拉。"早上好，我的小公主，你得抓紧时间喽，不然我们就要迟到了。"妈妈说道。

欧若拉期盼已久的这一天终于到来了。今天学校放假，她不用去上学，妈妈邀请她一起去上班。

　　妈妈的工作是研究各种各样的星星，特别是最美、最亮、也是最热的星星——太阳。

欧若拉赶紧起床，匆匆洗漱，穿好衣服。她喝了牛奶，吃了饼干后，一切就绪，准备出发了。

母女俩钻进车里，不一会儿就到了妈妈的办公室。

欧若拉的妈妈盯着大屏幕上的太阳。大屏幕连接着办公桌上的电脑。她为女儿准备了一个天文望远镜，这样欧若拉就可以通过天文望远镜来观察太阳了。

欧若拉的妈妈平时总是叮嘱她不要直视太阳，但是有了天文望远镜就不一样了，她可以通过它观察太阳，而不会有任何危险。

　　按照妈妈的指令，欧若拉闭上一只眼睛，另外一只眼睛看向望远镜的观测小孔。

她看到了一个又大又亮的圆球。可是，圆球边上出现的黑色小点是什么呢？是小孔上的镜片被弄脏了吗？欧若拉立刻向妈妈寻求答案。她很确定，妈妈一定知道这是怎么回事。

天啊！妈妈说欧若拉看到的那个黑点并不在镜片上，而是在太阳上，它叫做"黑子"。但是，太阳又不在公园里玩耍，怎么会弄脏自己呢？

　　欧若拉想："如果太阳把自己弄得脏兮兮的，总得有人去清理太阳上的脏东西。但是，人又如何靠近太阳去清理呢？一定会有专门干这事的人造卫星吧。"可是，妈妈似乎很在意她在公园里弄脏了裙子，却不关心太阳把自己弄得脏兮兮的。

欧若拉去电脑上观察太阳，发现太阳身上几乎一直都有小黑点。妈妈告诉欧若拉，这并不意味着太阳很脏。这就像我们得了麻疹或者水痘，满身会起疹子或痘痘一样，太阳也会呈现出满身的"黑子"。

但是这一天中最美的东西还有待发现呢！妈妈告诉她，太阳黑子会一点点长大，然后某一天，它就爆炸了，就像太阳在放烟花。这和欧若拉之前过节时看到的放烟花的场面一模一样。

　　妈妈解释说："太阳放'烟花'的行为，叫做'喷发'。喷发经常发生，有时候会喷发到地球上。太阳的烟花接近地球两极时，抬眼望天，你会发现一些非常漂亮的光，它们也叫'欧若拉'（极光）。"

晚上，欧若拉回到家，感觉自己已经是一个发现者和一个天体物理学家了。她告诉爸爸自己发现了太阳黑子。"你知道吗？虽然太阳上有黑点点，可是这不能说明太阳是脏脏的。太阳上的烟花来自于这些黑点点，它们制造了地球上的极光。"欧若拉说。

　　她的名字"欧若拉"就是极光的意思。也许正因为如此，她觉得欧若拉是自己知道的最美丽的名字。

　　哦，对了！欧若拉管自己发现的太阳黑子叫"黑点"，因为妈妈告诉她每个太阳黑子都有一个名字。

安徽省版权局著作权合同登记号：第 12191898 号

图书在版编目(CIP)数据

欧若拉与太阳"黑点"/（西）孔苏埃洛·锡德著；（西）安德雷斯·加西亚绘；许永建，李靖译.—合肥：中国科学技术大学出版社，2019.6（2020.7 重印）
（前沿科技启蒙绘本）
"十三五"国家重点出版物出版规划项目
ISBN 978-7-312-04690-2

Ⅰ.欧…　Ⅱ.① 孔… ② 安… ③许… ④ 李…　Ⅲ.太阳—儿童读物　Ⅳ.P182-49

中国版本图书馆 CIP 数据核字(2019)第 087990 号

出版　中国科学技术大学出版社
　　　　安徽省合肥市金寨路 96 号，230026
　　　　http://press.ustc.edu.cn
　　　　https://zgkxjsdxcbs.tmall.com
印刷　鹤山雅图仕印刷有限公司
发行　中国科学技术大学出版社
经销　全国新华书店
开本　889 mm×1194 mm　1/24
印张　1
字数　13 千
版次　2019 年 6 月第 1 版
印次　2020 年 7 月第 2 次印刷
定价　40.00 元